삶은 아름답다고, 삶은 이어진다고
내게 가르쳐 준 유일한 사람, 노라에게

**_카를로스 파소스**

*일러두기:
1. 환경부 고시 제2023-45호 국제적 멸종위기종 목록에
   포함된 생물의 이름은 해당 자료의 표기를 따릅니다.
2. 밑줄이 있는 낱말의 뜻은 70-71쪽을 참고하세요.

# 자연과 생물

신화로 배우는 재미있는 초등 과학 ❷

타임주니어
TIME JUNIOR

# 차례

## 지구는 이런 곳이에요

### 그리스 신화 관련 생물　　10-33

올빼미　　　　　　　푸른갯민숭달팽이
침팬지　　　　　　　해파리
용혈수　　　　　　　히드라
쇠똥구리　　　　　　남미수리
개미핥기　　　　　　탈박각시
포시도니아 오세아니카　인도공작

### 다른 문화로 떠나요　　34-35

### 북유럽 신화 관련 생물　　36-41

말벌
토르갑옷땃쥐
브리싱가불가사리

### 아랍 설화 관련 생물　　42-43

이프리타 코왈디

### 유대교 신화 관련 생물　　44-45

벨제부브관코박쥐
푸두
텔리포곤 디아볼리쿠스

### 메소포타미아 신화 관련 생물　　46-47

푸른점도마뱀

### 여러 문화권의 신화 관련 생물　　64-65

아르마딜로도마뱀

08-09

**이집트 신화 관련 생물** 48-49

아누비스개코원숭이

**힌두교 신화 관련 생물** 52-53

칼리속(물고기)

**고대 라틴아메리카 신화 관련 생물** 56-61

마밀라리아속(선인장)

용설란

세리코미르멕스속(개미)

**중국 설화 관련 생물** 50-51

유혈목이속(뱀)

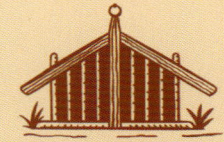

**폴리네시아 신화 관련 생물** 54-55

키와속(게)

**브라질 설화 관련 생물** 62-63

호플리아스속(물고기)

**내가 살고 싶은 지구는요** 66-67

# 지구는 이런 곳이에요

지구가 처음 탄생하고 나서 한참 동안은 아무런 생명도 살지 않았어요. 그러다가 어느 순간 놀라운 일이 생겼어요. 정확히 무슨 일이 벌어졌는지는 아무도 모르지만, **물질과 에너지의 교환 과정에서 처음으로 생명이라 부를 만한 형태가 탄생했지요.** 간단한 유기체에서 시작해 점차 여러 생물이 지구에 등장했어요. 오늘날 우리와 함께 살고 있는 매력적인 생물들 말이에요.

지금의 지구가 되기까지 과정이 쉽지는 않았답니다. **큰 재난을 거듭 겪으며 생명이 송두리째 사라져 버릴 뻔했어요.** 그동안은 어떤 어려움이 와도 자연이 언제나 승리했지만, 이제는 새로운 위협이 다가오고 있어요. 지구의 생물들에게 짙은 어둠이 드리우는 중이에요. 그 가운데에는 아주 오래된 설화에 등장하는 생물, 신화 속 주인공의 이름을 따온 생물도 있지요.

이제 우리는 다양한 생물이 안내하는 자연 탐험을 시작할 거예요. 역사와 지역을 넘나드는 여정이지요. 미처 생각지 못했던 사실을 배우게 될지도 몰라요. 세상에서 무슨 일이 벌어지고 있는지도 알게 될 거예요. 무엇보다도 가장 중요한 임무가 있어요. **위험에 처한 지구를 어떻게 구해야 할지 생각해 보는 거예요.**

자, 우리 함께 두근두근 탐험을 시작해 봐요.

# 아테나의 올빼미

고대 그리스부터 시작해 봅시다. 유적지 가까이의 올리브 나무 위에 앉은 올빼미가 우리에게 관심을 보이네요. 기다리고 있었나 봐요.

"안녕! 드디어 왔구나. 이런, 내 정신 좀 봐. 소개부터 해야지. 나는 **지식의 여신인 '아테나'의 올빼미야.** 반가워."

처음 만나 볼 신화 속 생물은 야행성 맹금류인 올빼미예요. 올빼미는 아테나 여신의 충실한 전령이었지요. 생물학자들은 동식물에 학명을 붙이는데요, 올빼미 중에서도 특히 금눈쇠올빼미의 학명이 '아테네 녹투아(Athene noctua)'예요.

아테나는 언제나 정의로운 신이었고, 다른 신과 영웅들의 모험에 종종 힘을 보탰어요. 그렇다면 혹시 우리도 도와줄지 모르겠네요.

앗, 속마음을 들킨 걸까요? 올빼미가 말을 이어요.

"이제부터 모험을 떠날 거지? 너에게 부탁할 일이 있어. 이 세상을 지킬 누군가를 찾아야 해. 인류와 가장 가까운 친척부터 찾아가 볼래? 난 할 일이 있어서 같이 못 가지만, 행운을 빌어."

이런! 올빼미가 엄청난 과제를 남기고 날아가 버렸어요. 당장에 닥친 일부터 하나씩 해 보는 수밖에요. 그런데 대체 인류와 가장 가까운 친척이 누구일까요?

그리스 신화

아테나 여신

# 목동 침팬지

그리스 신화

올빼미가 준 단서를 따라와 봤더니, 이곳은 아프리카의 밀림이네요. **찾았습니다! 동물의 왕국에서 인류와 가장 가까운 친척은 침팬지와 보노보예요.** 침팬지속인 이 두 동물과 인간은 서로 다르게 분류되지만, 수백만 년 전에 살던 같은 조상에서 나왔답니다. 놀랍죠? 그런 만큼, 나무에 사는 털북숭이 동물인 침팬지와 보노보는 인간과 공통점이 아주 많아요. 믿기 어렵지만 **DNA도 98% 이상 일치하지요.**

침팬지의 학명은 '판 트로글로디테스(*Pan troglodytes*)'예요. **'판'은 그리스 신화에 등장하는 목축과 가축의 신이에요.** 님프를 쫓아다니던 유명한 악동이었지요. 저기 수풀 속에 판처럼 몸을 숨긴 침팬지가 있네요!

"훔쳐보던 건 아니고, 숨어 있던 거야. 인간과 침팬지가 아무리 먼 친척이라고 해도 인간을 믿을 수가 있어야 말이지."

침팬지가 인간에게 언짢은 일이 있나 봐요.

"언짢을 수밖에 없지. 너희 인간 탓에 **숲이 점점 줄어들고 있다고.** 이래서는 가축을 기르기는커녕 살기도 힘들어. 아프리카 밀림까지 왜 왔는지 몰라도 난 인간을 도와줄 생각이 없어. 피 흘리는 나무한테 가 봐. 나보다는 친절하거든. 그만 가 줄래? 낮잠 좀 자게."

오늘 침팬지의 기분이 특히 별로인 듯하니 쉬도록 내버려 두는 게 좋겠어요. 그런데 피 흘리는 나무라는 게 정말 있을까요?

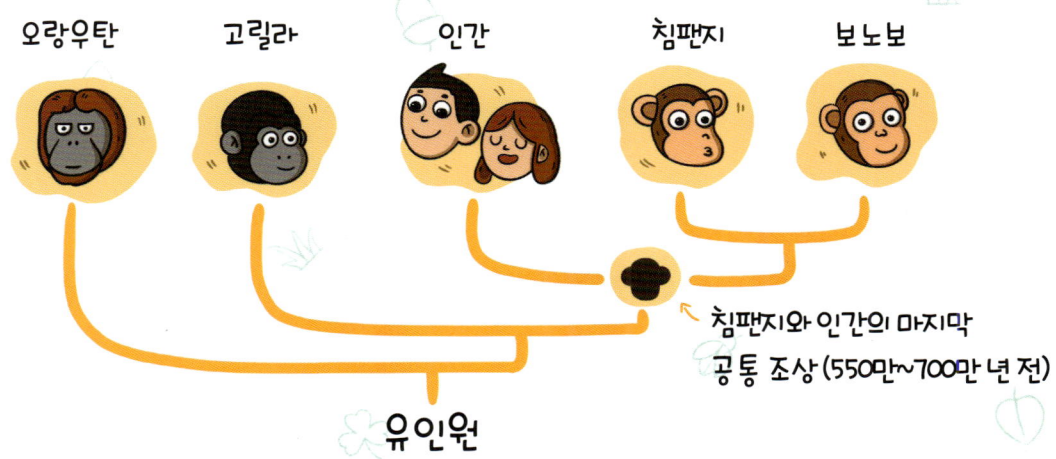

# 용혈수

그리스 신화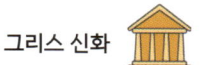

**나무나 식물에서 나오는 진액이 피처럼 빨간색인 경우가 있어요.** 학명에 용을 의미하는 단어가 들어가는 용혈수도 그런 나무예요.

그리스 신화에 등장하는 '헤라클레스'가 용의 날개를 단 흉악한 괴물 '게리온'을 쓰러트린 뒤에, 게리온의 무덤에서 이 나무가 자라났다고 해요. 때마침 진액의 색도 붉어서 나무 이름에 용혈, 즉 용의 피라는 말이 붙었어요. 카나리아 제도는 용혈수가 자라는 대표적인 장소로, 수백 년 살아온 용혈수도 있어요. 지금 우리 눈앞에 있는 용혈수는 크기를 보아하니 엄청 오래 살았나 봐요.

"침팬지 말대로야. 옛날부터 지켜보니 인간들이 나무를 자르고 태우고 하더군. 너희 인간은 나무를 베는 일을 벌채라고 하던데, **살 공간을 마련하고, 식량을 재배하고, 도시를 건설하려는 건 알아.** 하지만 하도 잘라대는 통에 다른 생물들은 새로이 살 곳을 찾아서 떠날 수밖에 없었어. 심지어 달리 갈 곳을 못 찾은 생물도 있다고."

슬픈 얼굴로 말하던 거대한 용혈수가 문득 인자한 미소를 지어요.

"너무 미안해하지는 마. 벌채를 비롯해서 생명을 해치는 문제에는 반드시 해결책이 있어. **우선은 같은 실수를 반복하지 않는 게 무엇보다 중요해.** 마침 내 밑동 주변을 맴돌고 있는 이 벌레가 뭘 좀 알고 있지."

용혈수가 자그마한 딱정벌레를 가리키네요. 무언가를 열심히 굴리고 있는데, 어디 보자… 어우, 똥이잖아요!

# 지치지 않는 시시포스

그리스 신화

작은 친구 쇠똥구리를 만날 차례예요. **쇠똥구리는 그리스 신화에 등장하는 '시시포스'와 관련이 있어요.** 시시포스는 고대 그리스의 왕인데, 너무 이기적으로 행동해서 결국 신들에게 벌을 받게 되었어요. 거대한 바위를 산 정상까지 밀어 올리는 벌이었지요. 하지만 바위는 꼭대기에 닿기 전에 매번 다시 아래로 굴러 떨어졌어요.

절대 목표를 이룰 수 없는데도 시시포스는 계속해서 바위를 밀어 올려야 했어요. 얼마나 괴로웠을까요! 반면 우리의 쇠똥구리에게는 확실히 이룰 수 있는 목표가 있어요.

"나는 다들 꺼리는 일을 맡으니까 이기적인 시시포스랑 같은 취급하지 말아 줄래? 지금 커다랗게 굴리고 있는 이 똥 덩어리는 내 새끼들에게 줄 먹이야. 인간이 나처럼 쓰레기를 잘 좀 사용해 주면 좋을 텐데."

그러고 보니 **아직 쓸 만한 물건도 마구 버리는 사람들이 있어요.** 그런 사람들에게 쇠똥구리가 재활용 방법을 설명해 줄 수는 없을까요?

"미안해. 난 바빠서 말이야. 나 없으면 쇠똥은 누가 굴리니? 대신에 다른 친구를 소개해 줄게. 환경 보호 실천가가 있지. 개미를 먹는 동물인데, 작지만 거대한 존재야."

에에? 작으면서도 거대한 게 말이 되나요?

줄이기

재사용하기

재활용하기

# 작고도 큰 개미핥기

그리스 신화

아메리카 대륙 중부와 남부에는 개미나 다른 곤충을 먹는 동물이 살아요. 바로 개미핥기예요. 그중에서도 피그미개미핥기는 지구에 사는 개미핥기 가운데 가장 작아요. 그러면 대체 왜 크다고 할까요?

장난기 가득한 누군가가 자그마한 피그미개미핥기에게 **거인 '키클롭스'의 이름을 딴 학명을 붙였거든요**. 키클롭스는 눈 하나가 이마 한가운데에 박혀 있는 거인족이에요. 하기야 개미 입장에서는 개미핥기가 거인으로 보이겠네요.

이 숲에는 피그미개미핥기가 살고 있는데요, 잘 보면 개미굴을 무너뜨리지 않고 개미만 쏙 빼서 먹고 있어요.

"이렇게 하는 게 좋아. 조심히 아껴 먹어야 다음에 올 때도 여기에 개미들이 있거든. 욕심부려서 한 번에 마구 먹어 버리면 나중에 먹을 게 없어지잖아."

사람들은 종종 자연의 균형을 잊고 살아요. **자연이 회복할 시간을 주어야 해요**. 나무를 벨 때도 마찬가지예요. 한꺼번에 나무를 너무 많이 베면 숲이 송두리째 없어져요. 적당히 자르고 두어야 숲이 계속 성장할 시간을 벌 수 있어요.

인간은 숲이라는 자원을 너무 남용하고 있어요. 숲뿐만이 아니에요. 바다의 상황도 썩 좋지 않아요. 이번에는 바다로 장소를 옮겨 볼까요?

생긴 건 나랑 영 딴판인데?

# 포시도니아 오세아니카

# 포세이돈의 초원

그리스 신화

지중해의 모래 바닥에는 해양 식물의 초원이 펼쳐져 있어요. **다른 바다에서는 보기 힘든 독특한 광경이지요.** 아주 오래된 식물은 어마어마하게 길어요. 이 식물이 바다에서 가장 크고 오래된 생물이라고 말하는 사람들도 있어요. 이 위엄 있는 해초의 이름은 '포시도니아 오세아니카(*Posidonia oceanica*)'예요. 바다의 신 '포세이돈'의 이름을 따왔지요.

포세이돈은 심기를 거스르면 금방 인내심이 바닥나기로 유명해요. 그런데 지금 표정이 무척 심각하네요.

"나의 바다 왕국이 아주 쓰레기 천지로구나. 폐그물이 어찌나 많은지 걸핏하면 물고기들이 걸려서 괴로워하고 있다. **게다가 바다는 어째서 점점 더워지는 건지!**"

해초 신의 불만이 이만저만이 아니네요.

"듣자 하니 지구의 수호자를 찾고 있다던데, 서둘러야 할 게다. 재앙은 이미 일어나고 있으니까. 내 바다 왕국에서도 찾아보도록 허락해 주마."

가 볼 곳이 더 늘었는데 어디부터 가야 할까요?

# 푸른갯민숭달팽이*

*푸른바다민달팽이, 청룡바다달팽이, 영어로는 블루 드래곤 등으로 불리며 국내에서 정식 이름은 아직 없어요.

## 어부였던 푸른갯민숭달팽이

그리스 신화

망망대해에서 헤엄치다 보니 거꾸로 둥둥 떠다니는 생명체가 보여요. 움직이는 모양새나 색깔이 얼핏 물고기 같기도 한데요, 사실은 민달팽이 종류랍니다. 보통 푸른갯민숭달팽이라고 불러요. **먹이에서 독을 빼내서 몸속 기관에 저장할 수 있지요.** 그렇게 포식자로부터 몸을 지키며 살아가요.

이 바다 생물에는 '글라우쿠스 아틀란티쿠스(*Glaucus atlanticus*)'라는 학명이 붙었어요. 그리스 신화에 등장하는 '글라우코스'가 생각나는 이름이네요. 글라우코스는 원래 어부였는데 약초를 잘못 먹고 영원히 죽지 않는 인어가 되었어요. 바다에 폭풍이 몰아칠 때면 뱃사람과 어부를 도와줘요. 자신이 예전에 어부였다는 걸 잊지 않았거든요.

"이 바다에서 계속 돌아다닐 거라면 조심해. 온통 플라스틱투성이거든. 플라스틱에 몸이 끼일 수도 있어. 벌써 여러 동물이 당했다고."

자세히 보니까 둥둥 떠다니는 쓰레기가 너무 많아요. 도대체 이게 다 어디서 온 걸까요?

윽, 어떡하지?
이것 좀 도와줄 사람?

# 거꾸로 해파리

그리스 신화

물가까지 헤엄쳐 오는 길에 보니 해류를 따라 떠다니는 쓰레기가 너무 많아요. 심지어 해파리를 보고도 비닐봉지라고 착각할 정도라니까요. 하마터면 쏘일 뻔했지 뭐예요!

여러 해파리 가운데 특이한 해파리를 발견했어요. 카시오페이아해파리인데요, 다른 해파리와는 다르게 **촉수를 위쪽으로 향한 채 거꾸로 떠 있네요**. 촉수를 집 삼아서 사는 작은 해조와 새우들이 즐거워 보여요.

"새우들이 해충을 제거해 주는 대신에 난 얘네를 적으로부터 보호해 줘. 그리고 해조는 내 먹잇감을 유인해 주는데, 내가 이렇게 거꾸로 있으니까 해조가 햇빛을 받아서 잘 자라. 누이 좋고 매부 좋다고나 할까! 참 보기 좋지 않니?"

우리 인간도 이 해파리를 본받아서 다른 생물과 잘 지내는 법을 배우면 좋겠어요.

갑자기 해파리가 위아래를 뒤집더니 전속력으로 움직이기 시작해요. 무언가에 겁을 먹고 도망치는 듯한데요? 카시오페이아해파리도 이동할 때는 여느 해파리와 다르지 않군요.

지금 만나 본 해파리의 이름도 그리스 신화에서 왔어요. '카시오페이아'는 한 나라의 왕비였지요. 그런데 심한 허영심이 포세이돈의 심기를 거스르는 바람에 별자리가 되고 말았어요. 하늘을 보면 카시오페이아자리도 이 해파리처럼 원래 자세에서 거꾸로 매달려 있어요.

# 끈질긴 히드라

그리스 신화

조금 전에 카시오페이아해파리가 왜 꽁지 빠지게 달아났느냐고요? 흙탕물이 밀려 와서 그런 건데요, 헤엄치면서 봤던 쓰레기도 저쪽에서 온 걸까요?

가까이 가 보니 호수가 범람해서 바다까지 흘러들고 있었네요. 마침 촉수를 여럿 달고 있는 이상한 벌레 같은 생물도 보여요. 좀 더 가까이 오라는데요?

"안녕! 날 발견해서 다행이네. 내 부탁 좀 들어줘. 어떤 새가 이 호수에 계속 쓰레기를 던져. 물을 온통 더럽히고 있다고. 제발 그만 좀 하라고 전해 줄래? 나는 워낙 회복력이 강해서 크게 문제없는데 다른 생물들 건강에 안 좋거든. 내 부탁 들어주면 비밀 이야기 하나 해 줄게."

**현존하는 생물 가운데 히드라만큼 신비로운 동물은 드물답니다.** 히드라는 신체 일부가 떨어져 나오면 완전히 새로운 개체로 다시 건강하게 자라요. 심지어 나이가 들지도 않아요. 그래서 '흔하다'는 뜻으로 '히드라 불가리스(*Hydra vulgaris*)'라는 학명이 붙은 유두히드라도 있어요. 그리스 신화 속 히드라는 뱀의 머리가 여러 개 달린 무시무시한 수생 괴물이에요. 히드라의 숨결에는 독이 스며 있고, 머리를 하나 자르면 두 개가 새로 생겨나요. 저승으로 통하는 늪지대인 레르나 호수를 지키고 있지요.

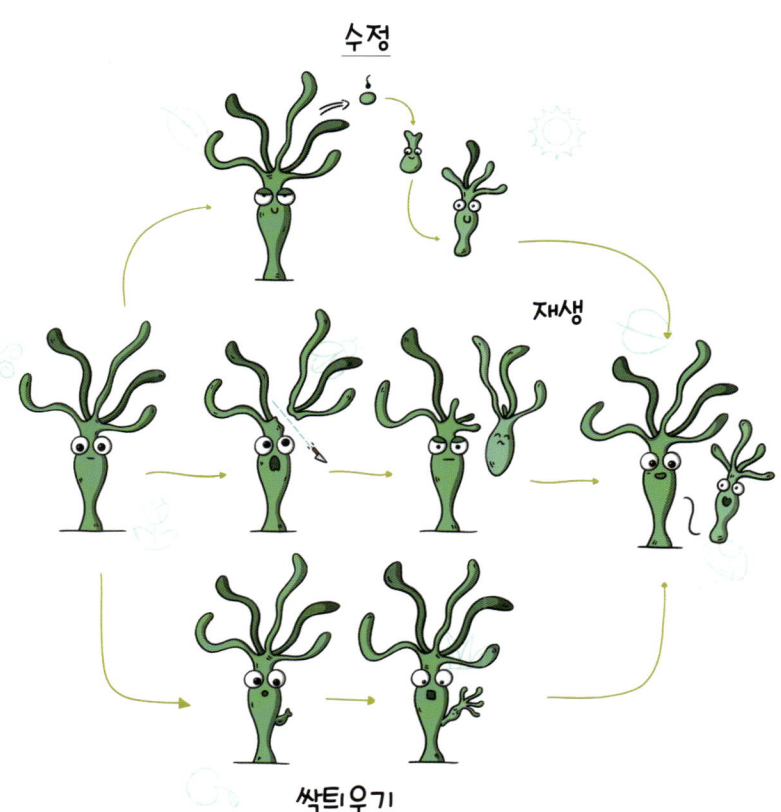

히드라의 재생산

수정

재생

싹틔우기

# 칠칠치 못한 남미수리

그리스 신화

마침 하늘에 히드라가 말한 새가 날고 있어요. 거대한 독수리 같기도 한데요, 발톱으로 쓰레기 봉투를 움켜쥐고 오더니 호수에 버리네요. 손을 흔드니까 관심을 보여요. 남미수리가 마침내 이쪽으로 다가와요.

남미수리는 하피독수리라고도 해요. **그리스 신화에 등장하는 '하피(하르피이아)'는 여자의 머리에 몸통에는 날개와 날카로운 발톱이 달린 인면조예요.** '피네우스'라는 왕의 음식을 약탈해 가서 왕을 쫄쫄 굶기는 새이지요. 피네우스는 신들의 노여움을 사서 굶어야 하는 벌을 받게 되었는데, 다행히 나중에 아르고호를 타고 온 모험가들이 하피를 쫓아내 주었어요.

하피는 점차 악명을 떨치면서 질병을 옮기는 불결한 존재라고 여겨졌어요. 그러고 보니 남미수리가 호수로 쓰레기를 옮겨 오는 짓도 조금 비슷하네요. 아무도 잘못된 행동이라고 이야기해 주지 않았으니 그럴 수도 있지요.

"남들을 화나게 하려던 건 아닌데… 몰랐어. 그저 주변의 쓰레기를 좀 치우려던 거야. 물에 버리면 저 멀리 흘러가더라고."

남미수리가 미안하다면서 멋쩍게 사과해요. 이런… 여기 숲 근처에 쓰레기장이 제대로 있는데 말이에요. 남미수리도 쇠똥구리처럼 재사용하고 재활용하는 법을 알면 좋을 뻔했네요.

"미안해. 히드라한테 대신 인사 전해 줘. 나는 둥지 틀 만한 장소를 찾으러 가야 해서."

## 죽음의 나방

남미수리를 떠나보내고 돌아오자 히드라가 약속대로 비밀을 알려 주었어요. 이 근처에 저승으로 통하는 동굴이 감춰져 있다고 해요!

조금 무섭지만 어둠 속으로 들어가 봅시다. 잔잔한 물길을 따라가니 지하에 신비로운 강이 흘러요. 물가를 따라 걷다 보니 강물이 스며들 듯이 슬픔에 젖는 것 같네요. 어쩐지 서러움이 몰려와요. 시간 감각도 점점 사라져 가고, 정신을 잃을 것만 같아요. 문득 깨어나 보니 어느새 낯선 곳에 와 있어요. 무슨 일이 벌어진 거죠?

날벌레가 주변을 맴돌며 잔소리를 해요.

"괜찮아? 슬픔의 강 주변을 떠돌고 있던데. 아무도 위험하다고 말을 안 해 줬나 봐? 그러다가 영원히 헤매는 수가 있는데."

**우리는 지금 '아케론티아 스틱스(Acherontia styx)'라는 학명의 유명한 나방, 탈박각시를 만났어요. 등에 해골 무늬가 있는 나방이지요.** '아케론티아'는 저승에 흐르는 슬픔의 강 '아케론'에서 따온 이름이에요.

함께 있던 다른 나방도 말을 걸어요.

"놀라지 마. 아직 너는 여기 올 때가 아니야. 아, 나도 같은 탈박각시야. 분포 지역에 따라 학명이 조금씩 다르지만 방금 말한 애, 저기 쟤까지 셋이 모두 친척이지."

30

그리스 신화

# 탈박각시

그리스 신화 속에 '모이라'라는 운명의 여신이 셋 나와요. 탈박각시 3종 중 하나의 학명에 쓰인 '라케시스'는 세 모이라 중에서 인간이 얼마나 오래 살지를 정하는 생명의 실을 감는 여신이에요. 또 다른 종의 학명에 쓰인 이름, '아트로포스' 여신이 그 생명의 실을 자르면 죽는 거죠. 나머지 한 종의 '스틱스'라는 이름은 아케론처럼 저승에 있는 또 다른 강에서 따왔어요. 스틱스는 이승과 저승의 경계이기도 해요.

나방 세 마리가 저마다 하고 싶은 말을 쏟아 내요.

"대단한 모험을 하고 있구나. 분명히 자연이 위기이긴 한 모양이야. 최근에 생명의 실을 끊을 일이 많았거든."

"맞아. 요즘 스틱스에서 영혼을 많이 거둬들이고 있어. 이러면 안 되는데. **이러다가 많은 생물이 멸종되는 거야.**"

"가자. 저승 밖으로 데려다줄게."

맨 처음 잔소리했던 탈박각시가 우리를 도와준대요.

"여기는 죽은 자들을 위한 곳이야. 살아 있는 네가 여기 있으면 안 돼. 다른 길로 새지 말고 저 굴로 쭉 가면 지상으로 돌아갈 수 있을 거야. 어서 가서 다음 친구를 만나 봐."

# 눈이 백 개 달린 공작

그리스 신화

무사히 밖으로 나오자마자 인도공작과 마주쳤어요. 활짝 펼친 허리 깃이 동글동글한 무늬를 그려 넣은 알록달록 부채 같아요. 공작은 아주 다양한 문화권에서 공통적으로 아름다움, 우아함, 지혜를 상징하지요.

한번 잘 생각해 봐.

헤라 여신

인도공작이라 하면 수컷의 화려한 허리 깃 이야기를 빼놓을 수 없어요. '헤라' 여신의 심복이었던 거인 '아르고스'는 눈이 백 개나 있었어요. 아르고스가 불행한 죽음을 맞은 뒤, 헤라 여신은 아르고스를 기리기 위해 그 눈 백 개를 인도공작의 허리 깃에 달아 주었어요. 그래서 **수컷 공작의 허리 깃에 수많은 둥근 무늬가 생긴 거래요.** 물론 이건 신화 속 이야기이고, 사실은 **암컷 공작이 수컷의 크고 화려한 허리 깃을 선호해서** 그렇게 된 거예요.

"위험한 사람인 줄 알았는데 아니었네? 미안. 갑자기 나타난 사람에 너무 놀라서 허리 깃으로 네 기를 좀 죽이려고 했지. 그런데 지금 저승에서 돌아오는 길이라고?"

인도공작에게 지금껏 겪은 일을 설명해 주고, 중요한 임무가 있다고 이야기하니 꽤 호기심이 생기나 봐요.

"아이고, 힘들겠구나. **우리 생물이 살 곳은 여기 지구밖에 없는데 인간은 달리 갈 데가 있는 것처럼 굴더라.** 말도 안 되지. 누구 한 사람이 혼자서 지구를 지킬 수가 있나? 난 불가능하다고 봐. 차라리 네가 모두를 불러서 결판을 내면 어떨까?"

역시 지구의 수호자는 따로 없는 걸까요?

# 인도공작

# 다른 문화로 떠나요

지금까지, 그리스 신화와 관련 있는 생물들을 여럿 만나 봤어요. 신기하고 즐거웠지만, **지구의 환경과 생태계가 썩 좋은 상황이 아니라는 슬픈 사실**도 알게 되었네요. 바다에는 플라스틱이 떠다니고, 숲이 사라지고 있어요. 멸종되는 생물도 생기고요. **아무래도 인간은 쓰레기를 너무 많이 만드는 것 같아요.** 쓰레기를 잘 활용할 방법을 찾아야 할 텐데 말이에요.

남미수리를 만나고 나서는 **악의가 없어도 무심코 환경을 해칠 수 있다**는 점도 깨닫게 되었어요. 개미핥기나 해파리로부터는 **다른 동식물과 상호 작용하면서 조화롭게 살아갈 수 있다**는 지혜도 얻었고요.

앞으로 무엇을 더 배울 수 있을까요? 그리스 신화 말고도, 세계 여러 나라에는 흥미진진한 설화가 많답니다. 이제 또 다른 모험을 떠나 봅시다. 사막을 건너고 산을 넘어 색다른 문화가 있는 다른 왕국으로 가 봐요!

# 무지개 다리의 감시자

북유럽 신화

맑게 갠 하늘에 무지개가 떴어요. 어디선가 말벌이 나타났네요.

북유럽 신화에는 신들의 왕국 '아스가르드'라는 곳이 나와요. 무지개 다리를 건너야 갈 수 있지요. 아무나 함부로 아스가르드에 들어오지 못하게 '헤임달'이라는 문지기가 밤낮으로 무지개 다리를 철통 감시해요. 헤임달은 '걀라르호른'이라는 뿔피리를 가지고 있어요. 세계의 종말이 왔을 때 부는 뿔피리라고 해요.

**말벌 가운데 헤임달의 이름을 딴 학명이 붙은 종이 있는데, 헤임달의 뿔피리처럼 생긴 큰 뿔이 달렸답니다.** 다른 말벌에서는 흔히 보기 힘든 부분이지요.

"헤임달이 뿔피리를 불 일이 없어야 할 텐데. 조만간 불게 될지도 모르겠어."

세상의 종말이 온다고 겁을 주다니 누가 봐도 좀 과장하는 거 같은데요?

"절대 과장이 아니야! 너희 인간은 **에너지가 필요하다면서 계속 화석 연료를 태우고 있잖아.** 백 년이 한참 넘었다고. **대기 중에 이산화 탄소 같은 온실가스가 점점 많아지고 있어. 그래서 기후 변화가 일어난다**는 걸 온 세상이 다 알지! 튼튼한 토르조차도 잔뜩 걱정하고 있으니 만나 봐. 그럼 내 말이 결코 과장이 아니라는 걸 알게 될 걸."

온실 효과

# 토르갑옷땃쥐

# 단단한 갑옷땃쥐

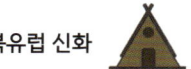

북유럽 신화

우리는 지금 말벌의 도움으로 중앙아프리카 어딘가에 와 있어요. 덩치는 작지만 단단한 토르갑옷땃쥐가 기다리고 있네요. 척추가 어찌나 튼튼한지 인간의 척추보다 네 배나 단단해요. 그 덕에 힘의 신으로 알려진 '토르'의 이름이 붙었지요.

"기후가 예전 같지 않아. 이러다가는 **가뭄이 더 심해지고, 폭풍도 훨씬 강력해질 거야. 겨울 날씨도 굉장히 이상해질 거고.** 이렇게 가다가는 생명이 아예 살 수 없는 곳이 늘어날 거야."

토르갑옷땃쥐의 말을 들으니 몹시 걱정이 되네요. 이 변화를 멈출 수는 없을까요?

"어렵겠지만 **인간은 석유, 석탄, 가스의 사용을 줄여야 해.** 기계를 움직이는 데에 필요한 에너지 생산 방식을 근본적으로 바꿔야 한다고. 안 그러면 심해에서 '미드가르드뱀'이 기어 나올 텐데, 그때는 힘센 나도 손쓸 수가 없어."

대체 얼마나 무시무시한 뱀이길래 튼튼한 토르갑옷땃쥐마저 이러는 것인지 만나 봐야겠어요.

이산화 탄소 배출량이 많은 연료

석유

이 연료는 제발 줄여 줘!

천연가스

석탄

브리싱가불가사리

# 뱀 이름이 붙은 바다의 별

북유럽 신화

멕시코만 깊은 곳에는 낯선 동물이 있어요. 맨몸으로는 못 가고 잠수함으로 가야 하는 심해에 살지요.

학명이 '미드가르디아 크산다로스(*Midgardia xandaros*)'인 브리싱가불가사리인데, **보통 불가사리보다 팔이 훨씬 길어서 '미드가르드'라는 신화 속 뱀 이름이 붙었어요.** 토르갑옷땃쥐가 이야기했던 미드가르드뱀이 실제로는 불가사리였군요. 미드가르드뱀과 브리싱가불가사리는 모두 심해에 살고, 크기가 어마어마해요.

북유럽 신화 속 미드가르드뱀은 언젠가 바다에서 기어 나와 하늘에 독을 뿌릴 거라고 해요. 그날이 바로 '라그나로크', 전쟁이 일어나 세계가 멸망하는 날이에요. 헤임달이 뿔피리를 부는 날이지요.

"토르갑옷땃쥐가 괜한 호들갑을 떨었군."

브리싱가불가사리가 피식 웃어요.

"내가 어디 뭐 그렇게 무섭게 생겼어? 무섭다 쳐도 세상에 나가서 독을 뿌릴 생각은 추호도 없어. 바다에 사는 내가 하늘에 올라갈 수도 없고 말이야. 어차피 하늘은 인간 탓에 이미 오염됐잖아? 난 여기서 조용히 살 테니 잘해 보라고."

바다 깊은 곳에 사는 불가사리이면서 바깥 사정을 잘도 아네요. 인간 탓에 하늘이 오염됐다니, 왠지 창피해져서 다시 뭍으로 올라가야겠어요.

# 독을 품은 새

아랍 설화

잠수함을 타고 쭉쭉 이동하다 보니 뉴기니섬에 도착했어요. 열대 우림에서 귀여운 새가 이 나무 저 나무를 오가면서 벌레를 찾아다녀요. 언뜻 무해해 보이지만 속지 마세요. '이프리타 코왈디(*Ifrita kowaldi*)'라는 이 새는 폐 속에 독을 품고 있거든요. 원래부터 독성을 지니고 태어나는 것은 아니고, 먹이인 딱정벌레에서 나온 독이에요. 참 특이하지요?

### 대기 오염이 건강에 미치는 영향

심장 질환 및 폐 질환     어디든 병이 날 수 있어.

이프리타라는 이름은 '이프리트'에서 왔어요. 아랍 설화에 나오는 강력한 정령으로, 나쁜 일이든 좋은 일이든 내키는 대로 할 수 있어요. 이프리타 코왈디는 인간을 그다지 좋아하지 않아서 마주치기가 무척 힘든 새라고 해요.

"내가 폐에 독을 품고 있기는 하지만 이 독은 대기 오염이랑은 전혀 상관없어. 그런데 **인간이 사는 도시나 산업 단지는 대기 오염이 정말 심각하더라.** 건강에 너무 안 좋아. 악마들도 못 견딜 걸?"

악마라니 대체 무슨 소리일까요?

# 악마의 모습

악마의 형태는 다양해요. 모습을 여러 가지로 바꿀 수 있고, 이름도 여러 개 있다고 해요. **이곳 베트남 열대 우림에는 벨제부브관코박쥐가 살아요.** 코가 악마처럼 생긴 조그만 박쥐이지요. 신화 속 사탄의 이름인 '벨제부브(베엘제붑)'는 신에 반기를 들었던 타락천사예요. 신화 내용이야 어쨌든, 요 조그만 포유동물은 어찌나 겁이 많은지 좀처럼 모습을 드러내지 않는답니다.

이번에는 또 다른 장소로 이동해 볼까요? 푸두가 사는 곳이에요. **푸두는 사슴과에 속하는 작은 동물**로, 안데스산맥 근처 고원에 살아요. 이 북방푸두는 가까이 다가올 생각이 전혀 없는 것 같네요. 그러면 우리가 직접 가는 수밖에 없지요. 푸두는 북방푸두와 남방푸두 2종이 있는데, 북방푸두의 학명에 또 다른 악마 '메피스토펠레스'의 이름이 들어가요. 여기 이 푸두도 조심성이 참 많아요. 포식자를 피해서 쏙 몸을 숨기네요.

푸두

유대교 신화

# 벨제부브관코박쥐

# 텔리포곤 디아볼리쿠스

이리저리 돌아다니느라 완전히 지쳤어요. 콜롬비아 남부 어디쯤에서 쉬고 있는데 악마의 얼굴을 닮은 꽃이 보여요. 꽃은 딱히 어디로 도망가거나 숨지 않으니까 이번에야말로 제대로 볼 수 있겠네요.

"결국 날 발견했네! 관찰력이 대단한 걸."

난초의 일종인 '텔리포곤 디아볼리쿠스(*Telipogon diabolicus*)'예요. 자주색을 띠는 안쪽이 악마의 얼굴 모양을 하고 있어서 '악마 같다'는 의미를 지닌 이름이 붙었어요. 여태 발견된 꽃이 몇 송이 없는 희귀종이랍니다. 대기 오염과 이산화 탄소 배출에 대해 아는지 물어보자, 짓궂게 씩 웃어요.

"생명을 가장 위협하는 문제지. 특히 지난 수십 년 동안 쓰레기를 어마어마하게 태운 탓이 커. 대기 오염은 이제 거의 돌이킬 수 없는 지점으로 가고 있어. 좀 더 지나면 아예 손쓸 수 없을 거야."

악마 난초가 살짝 희망을 주었어요. '거의'라면 아직은 끝이 아니라는 거잖아요. **분명 시간이 있어요.** 지구를 구할 방법을 서둘러 찾아봐야겠어요.

# 푸른점도마뱀*

*갑옷도마뱀과 니누르타속의 도마뱀으로, 국내에서 정식 이름은 아직 없어요.

# 도마뱀의 조언

메소포타미아 신화

메소포타미아에 '닌우르타'라는 유명한 신이 있었어요. 악마를 쫓아내고 병을 고쳐 주는 비와 남풍의 신이에요. 노할 때를 빼고는 언제나 사람들의 삶을 풍요롭게 해 주었지요.

다시 아프리카 대륙 남쪽까지 왔어요. 푸른 점이 박힌 도마뱀 한 마리가 우리에게 다가와요. 갑옷도마뱀과에 속하는 이 도마뱀에 닌우르타 신의 이름이 붙어 있지요.

"난초가 한 말에 너무 낙담하지는 마. 아직 희망이 있다는 뜻이니까. 토르갑옷땃쥐가 말한대로야. 화석 연료는 그만 쓰고, **태양이나 바람 같은 깨끗한 에너지원을 활용하는 게 중요해.**"

이 도마뱀은 참 현명한 것 같아요. 이야기를 조금 더 들어 보기로 해요.

"큰 문제를 당장 혼자서 해결할 수는 없어도, 작은 행동만으로 변화에 보탬이 될 수 있어. **사소한 거라도 에너지를 절약하는 행동은 다 도움이 되거든.** 수도꼭지를 꼭 잠가서 물 낭비를 막거나, 방에 아무도 없을 때는 불을 끄는 거야. **에너지를 덜 쓰면 그만큼 오염도 줄어들어.**"

훌륭한 조언이네요. 이렇게 우리 다 함께 조금씩 에너지를 절약하면 어때요? 그리고 또 무슨 일을 하면 좋을까요?

깨끗한 신재생 에너지

태양열 · 풍력 · 수력 · 조력 · 지열

바로 이거야!

## 황제 개코원숭이

이집트 신화

조금 더 북쪽으로 올라가서 중앙아프리카의 사바나에 도착했어요. 개코원숭이가 바위 위에서 명상하고 있는 모습이 고독해 보여요. **개코원숭이는 무리 지어 생활해서 이렇게 딱 한 마리만 만나는 경우가 드물어요.** 이 개코원숭이는 이집트 황제의 모습과 닮은 걸 보니 틀림없이 아누비스개코원숭이네요.

이집트의 '아누비스'는 망자를 인도하는 저승의 신이에요. 망자의 심장을 저울에 올려 보고 깨끗한 마음씨를 지닌 사람만 사후 세계로 들여보내요.

"인간이 정처 없이 방황하고 있구나."

아누비스개코원숭이가 한쪽 눈을 슬며시 뜨더니 짐짓 황제인 척하며 말해요.

"내가 그동안 수많은 마음을 들여다봐 왔는데 네 마음은 특별해 보이는구나. 지금 지구에서 벌어지는 일들은 너만의 잘못이 아니니 너무 마음 쓰지 말고, **자연을 어떻게 아껴 줄 수 있을지만 생각하렴.**"

아누비스개코원숭이 덕분에 마음이 조금 가벼워지네요.

# 무엇이든 먹어 치우는 뱀

중국 설화

하염없이 걷다 보니 동남아시아까지 왔네요. 깜깜한 밤이에요. 다리를 건널 수 있도록 반딧불이가 길을 밝혀 주어요. 그런데 뱀 한 마리가 조용히 바닥을 기어 다니면서 반딧불이를 잡아먹으려고 호시탐탐 기회를 엿보고 있어요. 학명에 중국의 신 '치원'의 이름이 붙은 유혈목이속 뱀이에요.

**치원은 중국 전설에 나오는 용의 아홉 자식 중 하나예요.** 화재를 막아 건물을 지켜 준다고 해요. 불을 포함해 모든 걸 다 삼켜 버리는 용이지요.

"네가 지금 내 먹이를 다 쫓아내고 있어. 혼자 조용히 식사 좀 할 수 없을까?"

뱀이 투덜거리면서도 우리에게 신경이 쓰이나 봐요.

"뭘 찾는데 그래?"

건물을 지키는 수호신의 이름이 붙은 뱀이니까 환경을 지키는 방법도 아는지 물어보면 좋겠네요.

"어디 보자. 할 수 있는 건 많지. 쓰레기를 뒤죽박죽 한꺼번에 버리지 말고 종류별로 분리해서 배출해 줘. 나중에 크면 **더 친환경적인 교통수단을 이용하도록 노력하고.** 가능하면 비행기 대신에 이산화 탄소 배출량이 더 적은 기차를 탄다든가, 자가용 대신 대중교통을 이용하는 거야."

역시 모든 사소한 행동도 다 지구 환경에 보탬이 되는 거네요. 도마뱀이 말해 준 것과 비슷해요. 그런데 전 세계 구석구석을 다녀도 올빼미가 찾으라던 지구를 지킬 사람은 아직 찾지 못했어요.

# 칼리속

# 깊은 바닷속 물고기

힌두교 신화

이만큼 와 놓고 임무를 포기할 수는 없지요. 다시 바다로 들어가 봐요. 지난번 불가사리를 만났을 때보다도 깊은 곳이에요. 태양 빛이 닿지 않아 새카만 어둠이 주위를 감싸요. 이곳에는 심해의 높은 수압에 적응한 생물들이 살아요. 개중에는 무시무시한 모습을 한 생물도 있어요.

와, 이 물고기는 **몸에 비해서 엄청나게 큰 입에 굽은 이빨이 자라나 있네요**. 덕분에 먹이를 쉽게 잡아 잘 늘어나는 위에 많이 저장해 둘 수 있어요. **심해에는 먹이가 귀해서 기회가 왔을 때 먹어 두어야 하거든요.** 이 심해어는 힌두교 신화에 나오는 위대한 여신 '칼리'의 이름이 붙은 물고기예요.

칼리 여신은 이 심해어처럼 무시무시한 파괴의 신이에요. 하지만 겉모습만 보고 판단하면 안 되죠. 칼리는 우리를 품어 주는 어머니 같은 자연의 신이기도 해요. **자애로운 면도 있고 잔인한 면도 있는 신이지요.** 선량한 사람 앞에서는 아주 부드럽고 인자해요.

"내 모습을 보고도 도망가지 않다니 참 용감하구나. 여기까지 오다니 의지도 대단해. 넌 어떤 어려움도 다 헤쳐 나갈 사람인 듯하니, 따로 지구의 수호자를 찾아다닐 필요가 없단다. 네가 직접 지구를 지킬 수 있을 거야."

정말이요? 여태 찾아 헤매던 사람이 그럼 나…?

칼리 여신

# 청소부 설인게

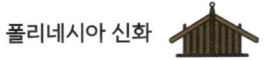
폴리네시아 신화

깊고 어두운 바닷속을 계속 돌아다니다 보니 바닥에 닿았어요. 여기는 태평양의 이스터섬 근처랍니다. 육지와 멀리 떨어져 있는데도 플라스틱 쓰레기들이 흘러 들어와요. 불쾌하네요. **작은 플라스틱 조각들이 둥둥 떠다니면 물고기들은 먹이로 착각해요. 플라스틱 중독이 일어나기도 해요.**

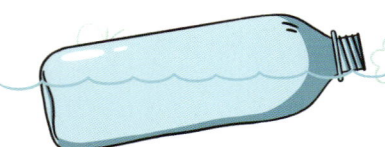

뜨거운 물과 가스가 뿜어져 나오는 열수 분출공 근처에서 털 달린 흰색 게가 가라앉은 플라스틱 조각들을 청소하고 있어요. **눈이 없는데도 여기저기 문제없이 다녀요.** 하긴, 이렇게 캄캄한 곳에서는 딱히 눈이 필요 없지요. 게를 도와주려고 다른 물고기들에게 플라스틱 쓰레기를 먹지 말라고 말해 주었어요.

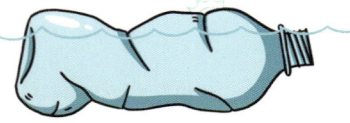

"고마워! 힘을 합치니까 곤란한 문제도 해결이 쉽네. 우리 초면인 거 같은데, 나는 흔히 설인게라고 불리는 키와속 게야. 혹은 설인의 이름 그대로 '예티게'라고도 해."

흰색에 털 달린 모습이 설인 예티라고도 불릴 만하네요. 키와속의 이 흰색 게는 폴리네시아 여러 부족들에게 바다의 수호신으로 여겨져요. '키와'는 폴리네시아 신화에 등장하는 갑각류의 여왕이지요.

"여기 청소는 이제 끝이야. 그만 육지로 올라가 봐. 다른 생물도 도와주면 분명 고마워할 거야."

몸에 좋을 리가 없지!

# 키와속

# 마밀라리아속

# 열받은 선인장

고대 라틴아메리카 신화

설인게의 청소를 도와주니 왠지 뿌듯해요. 기분 좋은 추억을 안고 멕시코 해안가로 왔어요. 육지로 올라오고 나서 지금껏 끝이 보이지 않는 거대한 열대 우림 속을 걷고 있는데 너무너무 덥네요. 몇 주째 비가 오지 않았나 봐요. 식물이 죄다 바싹바싹 말라 있어요. 어찌나 건조한지 심지어 선인장마저도 불평을 해요.

"물이 좀 있으면 좋을 텐데. 나는 신인데 비를 내리게 할 수도 없어. 참 부끄럽네."

선인장이 혼자서 한탄하고 있어요.

어? 멀지 않은 곳에 개울이 졸졸 흐르는 소리가 들리는데요? 바닥에 떨어진 큰 이파리로 물을 떠다 주기로 해요. 선인장한테도 다른 식물한테도 골고루 물을 주었어요.

"참 상냥하구나. 나는 마밀라리아속 선인장이야. 고마워서 몸 둘 바를 모르겠네."

이 선인장의 학명은 '마밀라리아 우이칠로포치틀리(Mammillaria huitzilopochtli)'예요. '**우이칠로포치틀리**'는 멕시카 민족에게 **태양의 신이자 전쟁의 신**이지요. 멕시카는 <u>메소아메리카</u> 지역에서 중요한 민족이에요. 아즈텍족과 관련이 있기는 하지만 엄밀하게는 다르답니다. 우이칠로포치틀리는 왼손잡이 벌새라는 뜻이에요. 선인장의 가시 구멍과 가시가 비행하는 벌새를 닮아서 이런 학명이 붙었어요.

기운을 차린 선인장이 말을 이어요.

"이게 다 기후 변화 때문이야. 가뭄이 점점 잦아져서 물이 부족해졌지. 그런데도 **아직 물을 펑펑 쓰는 사람들이 있어**. 너는 우리에게 생명수를 딱 알맞게 가져다주면서 단 한 방울도 허투루 쓰지 않았어. 우리를 돌볼 자격이 충분해."

# 심술쟁이 용설란

고대 라틴아메리카 신화

선인장과 대화하고 있는데 가까이 있던 다른 식물이 끼어들어요. 용설란인데, 불신이 가득한 표정이네요.

"흠… 과연 믿어도 될까? 자연은 인간에게 충분히 기회를 줬는데 **인간들은 매번 너무 지나치게 자연의 것을 가져가더군**. 내가 한두 번 본 게 아니라고."

이 용설란은 보라색 꽃이 촘촘하게 나 있는 모습이 아주 특이하네요. 학명이 '아가베 묵시(*Agave muxii*)'라는 용설란이에요. 여기 메소아메리카 사람들은 수천 년 전부터 **용설란에서 섬유나 수액을 추출해 썼어요.**

'묵시'는 마야인들의 후손인 와스텍 민족의 신이에요. 바닷속에 사는 비의 신이면서, 야생에 존재하는 생물의 균형을 맞추는 역할도 한다고 해요. 이 지역에서 중요한 작물인 옥수수의 신이기도 하고요.

"좀 전에는 성미 고약하게 굴어서 미안해. 가만 보니 넌 세상에 필요한 인간인가 보구나. 심성이 바르고 주변에 선한 영향을 퍼뜨리는 사람이라면 분명 세상을 구할 수 있을 것 같아."

마지막 한 방울까지 다 털어갈 셈이군!

# 세리코미르멕스속

# 농부 개미

고대 라틴아메리카 신화

용설란마저도 용기를 주네요. 그래요. 어리다고 힘을 발휘할 수 없는 건 아니지요. 지금까지 받은 칭찬을 마음에 새기면서 남쪽으로 향하다 보니 자연 보호 구역을 지나게 되었어요. 인간의 활동은 흔적조차 보이지 않는 아름다운 풍경이에요.

개미 한 마리가 등에 이파리를 지고 개미굴로 돌아가고 있어요. 세리코미르멕스속 개미인데요, 인간이 농작물을 키우는 것처럼 **세리코미르멕스속 개미는 곰팡이를 키워요.**

개미가 쪼르르 따라오더니 말을 걸어요.

"내가 경험자라서 아는데, 환경을 위해서는 한곳에 여러 식물을 키우는 게 좋아. **식물을 딱 한 종만 키우면 토양이 점점 척박해지고 생물들이 골고루 살아가기 힘들어져.**"

이 개미의 학명에는 옥수수의 여신 '사라마마'의 이름이 들어가요. 사라마마는 잉카 문명에서 생명의 균형을 맞추어 주는 여신이기도 하지요.

"언젠가는 다들 균형 속에서 살 수 있으면 좋겠어. **기후 변화도 멈추고, 생물의 멸종도 멈춘 곳**에서 말이야. 참 아름답지 않겠니?"

멋진 세상을 꿈꾸는 개미네요. 이 꿈을 현실로 이룰 수 있겠죠!

# 호플리아스속

# 정글의 수호자

 브라질 설화

개미와 헤어지고 갈림길을 한참 지나니 잔잔한 강이 나와요. 온갖 식물이 빽빽하게 들어서 있고 가지각색의 동물이 보여요. 아마존 정글이로군요.

거무스름한 물고기가 강가에 버려진 그물에 걸려 있어요. 이빨로 그물을 끊으려고 해 보지만 역부족이에요.

"나 좀 도와줘! 그냥 두고 가지 마!"

검은늑대고기라고도 불리는 '호플리아스 쿠루피라(Hoplias curupira)'예요. **강한 턱으로 먹이를 잡는 물고기랍니다.** '호플리아스'는 무기라는 뜻이에요. 이 물고기에게는 이빨이 무기인데, 인간이 만든 그물을 끊지는 못했네요. '쿠루피라'는 신비한 초자연의 생물로, 브라질 민간 설화에 등장하는 정글의 수호자예요. 보통은 빨간 머리 남자아이의 모습을 하고 있어요. 독특하게도 발의 앞뒤가 인간과 반대 방향이어서, 발자국을 쫓아서 따라오려는 사냥꾼을 따돌릴 수 있어요.

물고기를 그물에서 풀어 주자 뜻밖의 이야기를 해요.

"너한테 모든 문제를 다 해결해 달라고 하지는 않을게. 그래도 방금 나를 풀어 준 것처럼 지구에 사는 생물들에게 도움을 줄 거라고 믿어."

이 말을 남기고 검은늑대고기는 훌쩍 떠났어요. 이제야 확실히 알겠어요. 생물들이 우리의 진가를 알아보려고 힘든 모험을 시켰나 봐요. 드디어 마지막 행선지만 남겨 두고 있네요.

평소에는 이런 모습이야.

# 아르마딜로도마뱀*

*아르마딜로갑옷도마뱀, 아르마딜로띠도마뱀, 영어로는 거들테일 리자드 등으로 불리며 국내에서 정식 이름은 아직 없어요.

# 우로보로스의 예언

여러 문화권의 신화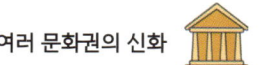

어느덧 수천 킬로미터를 여행했어요. 지구 곳곳을 다 둘러본 것 같아요. 이제 마지막 생물 친구를 만나 볼 차례예요. 우리의 여정을 마무리하기에 딱 좋은 친구랍니다.

아마존을 벗어나 멀리 남아프리카의 사막으로 왔어요. 빽빽한 덤불 뒤에 아르마딜로도마뱀이 숨어 있어요. **다른 파충류처럼 알을 낳는 게 아니라 새끼를 낳는** 아주 특이한 도마뱀이지요. 겉이 두꺼운 비늘로 덮여 있고, 위협을 느끼면 몸을 동그랗게 말아 꼬리를 입에 물어요. 그러면 아르마딜로처럼 고리 모양이 돼서 이런 이름이 붙었어요.

수천 년에 걸쳐 여러 문화권에 등장하는 신 '우로보로스'도 꼬리를 입에 문 둥근 모습으로 그려져요. 그래서 이 도마뱀의 학명에 우로보로스의 이름이 들어가지요. **우로보로스는 시작도 끝도 없이 계속해서 반복되는 영원을 상징해요.** 아르마딜로도마뱀이 잔뜩 무게를 잡더니 입을 열어요.

"지금까지 너도 똑똑히 봤지? 세상에 온통 대멸종이 벌어질 거라는 징조투성이야."

지구에는 다섯 차례 대멸종이 있었어요. 대표적으로, 운석이 충돌해서 공룡 시대가 끝난 적이 있지요. 거대한 화산이 폭발해서 몇 세기 동안 화산재가 하늘을 뒤덮고 햇빛을 막아 지구가 꽁꽁 얼어붙은 적도 있고요. **이런 대멸종이 다시 시작됐는지도 몰라요. 이번에는 인간이 주된 원인이에요.**

여섯 번째 대멸종이 벌어진다 해도 역시 언젠가는 끝이 나겠지요. 그러고 나면 생명도 점차 되살아날 거고요. 그런데 과연, 인류 문명이 그 시간을 버티고 살아남을 수 있을까요?

지금까지 생명의 수호자를 찾아서 지구 구석구석을 여행했어요. 여행을 마치고 보니, 지구를 지킬 사람은 다름 아닌 바로 우리 자신이네요.

신기한 생물과 세계의 다양한 신을 만나면서, 당장 손써야 할 문제를 종종 목격했어요. **특히 화석 연료가 불러온 심각한 기후 위기는 한시바삐 멈춰야 해요.** 재생 가능한 에너지, 지속 가능한 에너지를 쓰도록 노력해야 하지요. 환경 오염은 이미 생태계와 인류의 건강을 위협하고 있어요. 너무나 커다란 문제여서 해결하기가 쉽지는 않을 거예요.

재앙이 코앞에 닥친 상황이지만 아직은 행동할 시간이 있어요. 그러니 누구든지 앞장서야 해요. 크든 작든 우리가 매일 조금씩 행동을 바꿔 나가면 **자연과 더욱 균형을 이루며 살아갈 수 있을 거예요.** 이제껏 만나 온 생물들도 우리가 도와준다면 지구가 회복할 거라고 믿고 있어요.

이다음에 커서 중요한 인물이 되어 이 위기를 해결할 수 있을지도 모르지요. 하지만 더 늦기 전에 아직 어린 우리도 선한 영향력으로 주변 사람들의 마음을 움직일 수 있어요.

미래의 지구가 더 살기 좋은 세상이 되면 좋겠어요. 숲도 정글도 바다도 보호받는 세상, 모두가 진정한 조화를 이루며 사는 세상 말이에요. **우리, 다른 생물들을 위해서, 그리고 나 스스로를 위해서도 다정하고 섬세한 의식을 기르며 살아가요.**

나는 그런 지구에서 살고 싶어요. 모두 나와 같은 마음이면 좋겠네요!

# 쏙쏙 퀴즈

## 십자말풀이 I

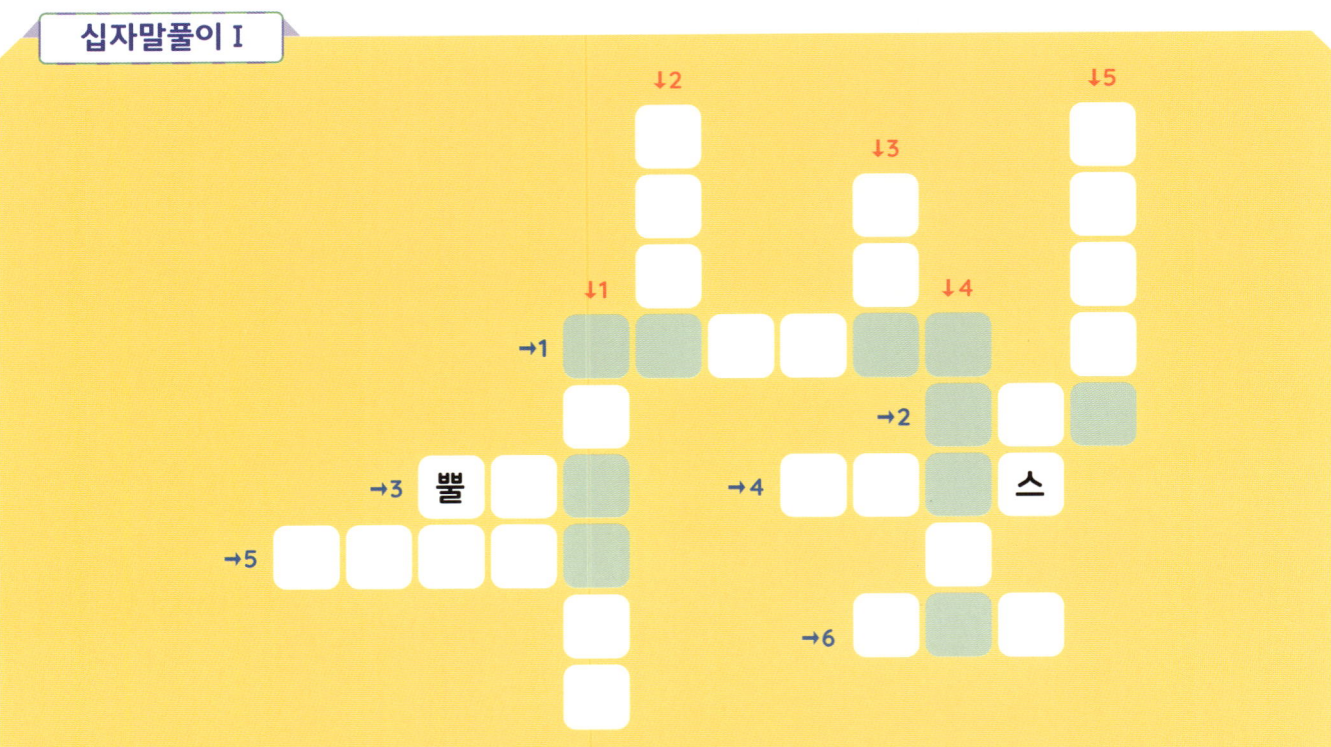

### 가로

→1 촉수를 위쪽으로 향하고 거꾸로 다니는 해파리의 이름. ○○○○○○해파리. 같은 이름의 별자리가 있다.

→2 아케론과 함께 저승에 있는 강 이름. 이승과 저승의 경계를 이룬다.

→3 아스가르드를 지키는 문지기 '헤임달'이 가지고 있는 ○○○의 이름은 '갈라르호른'이다.

→4 화석 연료를 태울 때 발생하여 지구 대기를 오염시키는 가스를 통틀어 이르는 말. 이산화 탄소 등.

→5 태평양 중·남부에 펼쳐 있는 여러 섬. '키와'는 ○○○○○ 신화에 등장하는 갑각류의 여왕이다.

→6 수정, 재생, 싹틔우기로 재생산이 가능한 생물. 그리스 신화 속에서는 뱀의 머리가 여러 개 달린 수생 괴물로 묘사된다.

### 세로

↓1 피를 흘리는 나무라고도 일컬어지는 용혈수가 자라는 대표적인 장소.

↓2 등에 해골 무늬가 있으며 분포 지역에 따라 3종의 학명으로 나뉘는 나방.

↓3 세리코미르멕스속 개미는 인간이 농작물을 키우는 것처럼 ○○○를 키운다.

↓4 북유럽 신화에 나오는 신들의 왕국. 무지개 다리를 건너서 갈 수 있다.

↓5 그리스 신화에서 용의 날개를 단 괴물 '게리온'을 쓰러트린 영웅.

## 십자말풀이 II

### 가로
→1 메소포타미아 신화에 등장하는, 악마를 쫓아내고 병을 고쳐 주는 비와 남풍의 신.
→2 몸이 두꺼운 비늘로 덮여 있고, 위협을 느끼면 몸을 동그랗게 말아 꼬리를 입에 무는 도마뱀의 이름. ○○○○○도마뱀.
→3 거대한 바위를 산 정상까지 밀어 올리는 벌을 받은 고대 그리스의 왕. 쇠똥구리와 관련이 있다.
→4 많은 해양 동물이 ○○○○에 몸이 걸리거나 그 조각을 먹고 죽는다. 키와속의 설인게는 바다에 가라앉은 ○○○○ 쓰레기를 청소한다.
→5 힌두교 신화에서 파괴의 여신. 잔인한 면도 있지만 어머니 같은 자애로움도 지닌 신이다.
→6 유혈목이속 뱀이 잡아먹으려던 딱정벌레의 일종. 배마디 끝에서 빛을 내는 곤충이다.

### 세로
↓1 그리스 신화에서 바다의 신. 지중해에 있는 해양 식물 '포시도니아 오세아니카'가 이 신으로부터 이름을 따왔다.
↓2 이집트 신화에서 망자를 인도하는 저승의 신. 개코원숭이 중에 이 신의 이름이 붙은 종이 있다.
↓3 북유럽 신화에서 힘의 신. 갑옷딱쥐 중에 이 신의 이름이 붙은 종이 있다.
↓4 아마존 정글에 사는 ○○○○○속 물고기는 강한 턱과 이빨로 먹이를 잡는다. 검은늑대고기라고도 불린다.
↓5 여러 문화권에서 꼬리를 입에 문 모습으로 등장하는, 영원을 상징하는 신의 이름.

# 낱말 풀이

**09쪽** **유기체:** 생물처럼 물질이 유기적으로 구성되어 생활 기능을 가지게 된 조직체.

**11쪽** **맹금류:** 매목과 올빼미목에 속한 새를 통틀어 이르는 말. 다른 새나 짐승, 물고기 따위를 공격하여 잡아먹는 육식성 조류이다.

**11쪽** **학명:** 학술적 편의를 위하여, 동식물 따위에 붙이는 이름.

**13쪽** **속:** 보통 종-속-과-목-강-문-계로 나뉘는 생물 분류의 한 단위. 과(科)와 종(種)의 사이에 있다.

**23쪽** **포식자:** 다른 동물을 먹이로 하는 동물.

**27쪽** **수정:** 암수의 생식 세포가 하나로 합쳐지는 현상.

**32쪽** **심복:** 마음 놓고 부리거나 일을 맡길 수 있는 사람.

**37쪽** **온실가스:** 지구 대기를 오염시켜 온실 효과를 일으키는 가스를 통틀어 이르는 말.

**43쪽** **열대 우림:** 일 년 내내 기온이 높고 비가 많은 적도 부근의 열대 지방에서 발달하는 삼림.

**47쪽** **메소포타미아:** 고대 문명 발상지 중 한 곳으로, 현재의 이라크를 중심으로 시리아와 이란 일부를 포함한다.

**47쪽** **조력:** 밀물과 썰물 때 수위의 차로 일어나는 힘.

**49쪽** **사바나:** 건기가 뚜렷한 열대와 아열대 지방에서 발달하는 초원.

**54쪽** **열수 분출공:** 지하에서 뜨거운 물이 솟아 나오는 구멍. 육상과 해저에 모두 존재한다.

**54쪽** **폴리네시아:** 태평양 중·남부에 펼쳐 있는 여러 섬. 하와이 제도, 뉴질랜드, 이스터섬을 꼭짓점으로 하는 삼각 지대에 있다.

**57쪽** **메소아메리카:** 멕시코, 과테말라, 온두라스, 엘살바도르, 니카라과, 코스타리카 등 중앙아메리카의 한 구역.

# 쏙쏙 퀴즈 정답

### 십자말풀이 I

### 십자말풀이 II

**옮긴이 최하늘**
한국외국어대학교 통번역대학원 한서과에 재학하며 스페인어 통번역사로 활동하고 있다.
옮긴 책으로 《수프에 뭐가 들어간 거지?》, 《모더니타가 묻습니다: 평범이란 뭘까요?》,
《신화로 배우는 재미있는 초등 과학 1: 별과 우주》가 있다.

신화로 배우는 재미있는 초등 과학 2
# 자연과 생물

2024년 11월 1일 초판 1쇄 발행

**글·그림** 카를로스 파소스 | **옮김** 최하늘
**편집인** 이현은 | **편집** 이호정 | **마케팅** 이태훈 | **디자인** 허문희, 정용선 | **제작·물류** 최현철, 김진식, 김진현, 심재희

**펴낸이** 이길호 | **펴낸곳** 타임주니어 | **출판등록** 제2020-000187호
**주소** 서울시 강남구 봉은사로 442 75th Avenue 빌딩 7층
**전화** 02-590-6997 | **팩스** 02-395-0251 | **전자우편** timebooks@t-ime.com | **인스타그램** @time.junior_
**ISBN** 979-11-93794-92-0(74400)
　　　979-11-93794-85-2(세트)

- 타임주니어는 ㈜타임교육C&P의 단행본 출판 브랜드입니다.
- 책값은 뒤표지에 있습니다. 잘못 만들어진 책은 구입하신 곳에서 바꾸어 드립니다.

---

**BIOMITOS**
© 2023, Carlos Pazos, for the text and the illustrations
© 2023, Penguin Random House Grupo Editorial, S.A.U.
Korean translation copyright © 2024 T-IME EDUCATION C&P
This Korean edition published by arrangement with Penguin Random House Grupo Editorial, S.A.U.
through LENA Agency, Seoul.
All rights reserved.

- 이 책의 한국어판 저작권은 레나 에이전시를 통한 저작권자와의 독점계약으로 ㈜타임교육C&P가 소유합니다.
- 신저작권법에 의하여 한국 내에서 보호받는 저작물이므로 무단전재 및 복제를 금합니다.

**어린이제품 안전특별법에 의한 기타표시사항**
**제품명** 양장 도서 | **제조자명** 타임교육C&P | **제조국명** 대한민국 | **제조년월** 2024년 11월 | **사용연령** 8세 이상